I0813701

Serpientes escurridizas

ANACONDAS

GAIL TERP

BOLT

Bolt es una publicación de Black Rabbit Books
P.O. Box 227, Mankato, Minnesota, 56002.
www.blackrabbitbooks.com

Marysa Storm, editora; Grant Gould, diseñador;
Omay Ayres, investigación fotográfica
Traducción de Travod, www.travod.com

Names: Terp, Gail, 1951- author.
Title: Anacondas / por Gail Terp.
Other titles: Anacondas. Spanish
Description: Mankato : Black Rabbit Books, [2021] | Series: Bolt. serpientes escurridizas | Includes index. | Audience: Grades 4-6 | Summary: “Diagrams, graphs, and fun text help readers explore the habitats, diets, and daily lives of anacondas”— Provided by publisher.
Identifiers: LCCN 2019053802 (print) | LCCN 2019053803 (ebook) | ISBN 9781623105167 (hardcover) | ISBN 9781644664643 (paperback) | ISBN 9781623105228 (ebook)
Subjects: LCSH: Anaconda—Juvenile literature. | Snakes—Juvenile literature.
Classification: LCC QL666.O63 T46818 2021 (print) | LCC QL666.O63 (ebook) | DDC 597.96/7—dc23

Image Credits

Alamy: C-images, 4–5; brandoncole.com: Brandon Cole, 3, 32; Dreamstime: Robin Winkelman, 22–23; eartharchives.org: Earth Archives, 18; Foto Arena LTDA, 3, 32; Larry Larsen, 14–15; Getty: James Gerholdt, 21; iStock: eli77, 24 (ocelot); lllreptile.com: LLLReptile, 20; Minden Pictures: Daniel Heuclin, 1; David Pattyn, 9; Franco Banfi, 27; Newscom: MARCEL CIFUENTES GDA Photo Service, 26; Mark Newman Stock Connection Worldwide, Cover; nkkhoo.com: NST/Amin Jalil, 22; Science Source: Francois Gohier, 6–7; Martin Wendler, 28–29; Yoshiharu Sekino, 12 (btm); Shutterstock: Alfmaler, 16; anythings, 24 (young anaconda); Bonnie Taylor Barry, 24 (bird); chronicler, 16–17; EvergreenPlanet, 24 (mammal); Patrick K. Campbell, 10–11; 24 (adult anaconda); Vaclav Sebek, 24 (caiman); Valentyna Chukhlyebova, 31; volkova natalia, 24 (fish); worldclassphoto, 12 (top)
Se ha hecho todo lo posible para establecer contacto con los titulares de los derechos del material que se reproduce en este libro. Los descuidos que se notifiquen al editor quedarán enmendados a partir de la siguiente tirada.

CONTENIDO

CAPÍTULO 1

Anacondas en ACCIÓN

Está oscureciendo en el pantano. Una anaconda espera apenas debajo de la superficie del agua. Vigila la orilla. Una iguana se acerca a beber. Lentamente, la serpiente nada acercándose a su **presa**. La iguana no sabe que la anaconda está allí. Los colores y las marcas de la serpiente la **comuflan**. Sin previo aviso, ¡la serpiente ataca!

Un gran apretón

Mientras sostiene a la presa firmemente con sus dientes, la serpiente se pone a trabajar. Enrolla su largo cuerpo alrededor del animal. La anaconda aprieta fuertemente. La criatura muere. Cabeza primero, la serpiente se traga a la presa. La iguana es una gran comida. La anaconda no volverá a comer en semanas.

Diferentes tipos

Hay cuatro **especies** de estos grandes y poderosos **depredadores**. Todas las anacondas comparten características principales. Su piel está cubierta de manchas. Las manchas ayudan a estas serpientes a fundirse con su entorno. Sus ojos y fosas nasales están encima de sus cabezas. Esta ubicación ayuda a las serpientes a ver y respirar mientras están en el agua.

COMPARACIÓN DE LONGITUDES

anaconda verde

anaconda amarilla

Anaconda boliviana

anaconda con manchas oscuras

pies

hasta 30 pies (9 metros)
hasta 15 pies (5 m)
hasta 13 pies (4 m)
hasta 9 pies (3 m)
5
10
15
20
25
30

CARACTERÍSTICAS DE LA ANACONDA

OJOS
FOSAS NASALES
MANCHAS

Los científicos pensaban que la constricción mataba a la presa porque detenía su respiración. Eso no es cierto. Lo que hace es detener el flujo sanguíneo. Sin flujo sanguíneo, el corazón de la presa se detiene.

CAPÍTULO 2

CACERÍA y casas

Las anacondas cazan mediante emboscadas. Esperan a que la presa se acerque. Y entonces atacan. Las anacondas comen peces y aves. También buscan presas más grandes, como **caimanes**, gatos salvajes y ciervos. La anaconda mata por constricción. Primero, envuelve su cuerpo alrededor de la presa. Luego, la aprieta. Tan pronto como la presa esté muerta, la serpiente se la traga entera.

Hábitat

Las anacondas viven en y cerca del agua. A menudo se las encuentra en pantanos. También nadan a través de ríos lentos. A veces, toman sol en las ramas de los árboles que cuelgan sobre el agua.

Las anacondas a veces ahogan a las presas.

DONDE LAS ANACONDAS VIVEN

Mapa del alconce de las anacondas

Las anacondas hembras son mucho más grandes que los machos.

CAPÍTULO 3

Vida

En su mayoría, las anacondas viven solas. Pero se reúnen en primavera para **aparearse**. Al aparearse, a menudo forman bolas de reproducción. Varios machos se envuelven alrededor de una hembra. Cada uno intenta acercarse a la hembra.

Crías de serpiente

A diferencia de otras serpientes, las anacondas hembras no ponen huevos. En cambio, dan a luz a crías vivas. Los recién nacidos son **independientes**. Sus madres no tienen que cuidarlos.

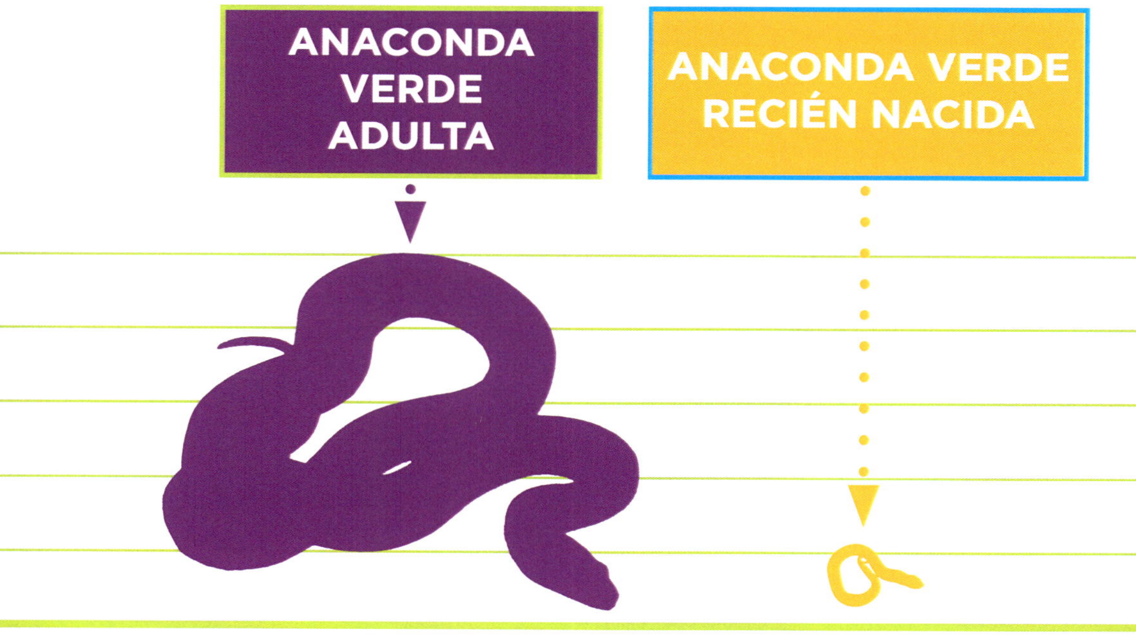

ANACONDA VERDE
JOVEN
COMPARACIÓN
DE TAMAÑOS

CUESTIÓN DE NÚMEROS

aproximadamente
5 millas
(8 kilómetros) por hora
VELOCIDAD EN TIERRA

HASTA 82
CANTIDAD DE
QUE LAS MADRES
PUEDEN TENER
POR VEZ

10 a 20 años
ESPERANZA
DE VIDA

550 libras
(249 kilogramos)
ANACONDA MÁS PESADA ALGUNA
VEZ REGISTRADA

Cadena alimentaria de la anaconda

Esta cadena alimentaria muestra qué seres comen anacondas. También muestra lo que comen las anacondas.

CAIMANES

OCELOTES

ANACONDAS JÓVENES

ANACONDAS ADULTAS

MAMÍFEROS

AVES

PECES

CAPÍTULO 4

Parte de Su Mundo

Las anacondas adultas tienen pocos depredadores. Pero sus crías sí tienen algunos, como los caimanes y los ocelotes. Los machos adultos también deben tener cuidado. Las hembras a veces se los comen.

La mayor amenaza que enfrentan las anacondas son los humanos. Se las caza por su piel. Las personas usan la piel para hacer zapatos y cinturones. Algunas incluso son capturadas para venderlas como mascotas. Los humanos también construyen en sus hábitats. Las serpientes tienen menos terreno para vivir.

Investigación

La gente quiere aprender más sobre estas serpientes gigantes. Sin embargo, estudiar a las anacondas no siempre es fácil. El Dr. Jesús Rivas estudia crías las anacondas. Para encontrarlas, camina a través de pantanos con los pies descalzos. Cuando su pie toca una anaconda, la levanta. Lucha con la serpiente hasta que se cansa. Luego la estudia.

Rivas fue la primera persona en aprender sobre las bolas de reproducción.

Un papel importante

Las anacondas juegan un papel clave en sus **ecosistemas**. Ellas comen muchos animales. También, sus crías son comida para otros animales. La gente debe continuar investigando y protegiendo a estas increíbles serpientes.

GLOSARIO

aparearse: unirse para producir cría

caimán: un tipo de reptil de la familia de los cocodrilos

camuflaje: algo, como el color o la forma, que protege a un animal del ataque al hacer que sea difícil verlo en los alrededores

constricción: el acto de apretar algo

depredador: un animal que se come a otros animales

ecosistema: una comunidad de seres vivos que habitan el mismo lugar

especie: una clase de individuos que tienen características comunes y comparten un nombre común

independiente: que no depende de nadie ni de nada más

presa: un animal al que se lo cazan o se matan para comerlo

ÍNDICE